Matemáticas a distancia.

Guía de recursos tecnológicos para la docencia.

MARÍA JOSÉ IBÁÑEZ ORO

VICENTE E. BRESÓ FLORES

Matemáticas a distancia. Guía de recursos tecnológicos para la docencia.

Editado por

On-Demand Publishing LLC.
for Amazon Media EU S.à r.l.
5 Rue Plaetis,
L-2338, Luxembourg
www.createspace.com

ISBN-13: 978-15-1936-467-8
ISBN-10: 1519364679

ÍNDICE DE CONTENIDO

Conclusión.

Introducción

Hasta hace relativamente poco tiempo, impartir una clase de Matemáticas -o de ciertas asignaturas- llevaba siempre asociado el uso de la pizarra, tiza o rotulador por la necesidad de escritura a mano alzada como apoyo a nuestras explicaciones. Actualmente existen una serie de recursos tecnológicos al alcance del docente que permiten que la impartición de las clases sea más cómoda, sencilla y atractiva tanto para el docente como el alumno y manteniendo la posibilidad de impartir una clase convencional, pero diferente.

Este libro pretende ser una guía básica que nos pueda orientar para la utilización de muchos de esos nuevos recursos ya disponibles, partiendo del típico proyector conectado a nuestro ordenador y hasta la utilización de monitores interactivos, cámaras web, cuadernos microperforados e incluso la impartición de clases a través de software y plataformas de videoconferencia.

En esta guía se analiza el procedimiento para la difusión de nuestras clases mediante videollamadas grupales usando Skype y videoconferencias web mediante Adobe Connect.

Asimismo, mediante el uso de programas codificadores y el servidor multimedia Youtube, aprenderemos a realizar emisiones en directo de nuestra docencia a un número de usuarios ilimitados mediante un canal asignado para ello, sin olvidar la grabación local de nuestro video y posterior publicación digital.

1.Algunos recursos para mis clases.

La pizarra convencional y el libro de la asignatura.

Hasta la fecha, la pizarra convencional se sigue usando sin ninguna duda para hacer llegar al alumno nuestras explicaciones, ecuaciones, gráficos, fórmulas, etc. Tanto la tiza como el rotulador se consumen en cada una de nuestras clases por no conocer o no disponer de nuevos recursos para transmitir más cómodamente los conocimientos al alumno.

El libro de la asignatura, apuntes, material de Internet y las fotocopias siguen sirviendo de apoyo a nuestra docencia presencial y nos permiten que nuestras clases magistrales sean posibles.

Pero tras asistir a algún curso de formación, o gracias a nuestra curiosidad, y al acceso a nuevas tecnologías en el aula, ya es habitual el uso de recursos como el proyector y el ordenador del aula para proporcionar material visual a los alumnos.

Word y el editor de ecuaciones.

El procesador de textos Word de la empresa Microsoft parece que se ha implantado como una de las herramientas más usadas para que nuestras ecuaciones y fórmulas puedan aparecer en formato digital. Con el Editor de Ecuaciones incluido en Office es posible que nuestros exámenes o apuntes adquieran un aspecto profesional.

Este libro no va a ser un manual sobre el uso del editor porque hay miles de ellos en la red que nos ayudarán a crear nuestras ecuaciones de una forma fácil e intuitiva, pero sí queremos aclarar algunos aspectos.

1. Opera y simplifica:

$$a)\quad \frac{3+\frac{1}{2}}{\frac{3}{2}} - 2 \cdot \frac{\frac{3}{5}-\frac{2}{3}}{5} - \frac{1}{\frac{2}{5}-\frac{1}{3}} =$$

$$b)\quad 3 - \left[-4 \cdot \left(-\frac{1}{5} + \frac{3}{7} \right) + \frac{2}{3} - \frac{1}{2} \cdot \frac{7}{3} \right] =$$

2. Calcula mediante fracciones la siguiente operación:

1'2345 + 4'65 – 3'563 =

3. Expresa en forma de potencia de base única:

$$\frac{2^2 \cdot \frac{1}{16} \cdot \left(4^3\right)^5}{16^{-3} \cdot \left(8^2\right)^{-2}} =$$

Una vez realizado un documento con el Editor de Ecuaciones, podemos simplemente imprimirlo, o trabajar con nuestras ecuaciones en otros programas informáticos. Así, podremos incluirlas en una presentación (no necesariamente de Microsoft), o para utilizarlas en grabaciones o videoconferencias.

Habitualmente, una vez tenemos insertadas en nuestro Word los textos y las ecuaciones, solemos imprimir el documento para su distribución, aunque también podemos trasladar estos contenidos a programas de presentaciones (Powerpoint) u otros que dispongan del filtro correspondiente de Microsoft para poder pegar el contenido.

Una vez finalizado el documento, muchos docentes consideramos útil copiar también esas ecuaciones (edición-copiar-pegar) a una presentación de Powerpoint para una proyección posterior en el aula.

Un caso habitual sería el de incrustar nuestras ecuaciones Word en nuestra presentación de Powerpoint y aplicar efectos de animación para que el alumno entienda mejor nuestras explicaciones consiguiendo un aspecto más dinámico.

Incluso podemos ir más allá si a nuestras diapositivas con movimiento le añadimos una narración con nuestra propia voz. Esto permite que podamos poner en funcionamiento la presentación y nuestra propia voz haga la explicación a medida que van avanzando las diapositivas. De esta forma, nuestros alumnos pueden disponer de un tutorial (de su profesor) con las explicaciones y que podrán visualizar tantas veces como necesiten.

Powerpoint permite, una vez acabada la presentación con narración, generar también un video con un archivo resultante que podríamos reproducir en equipos sin Microsoft Office o "colgar" en Internet.

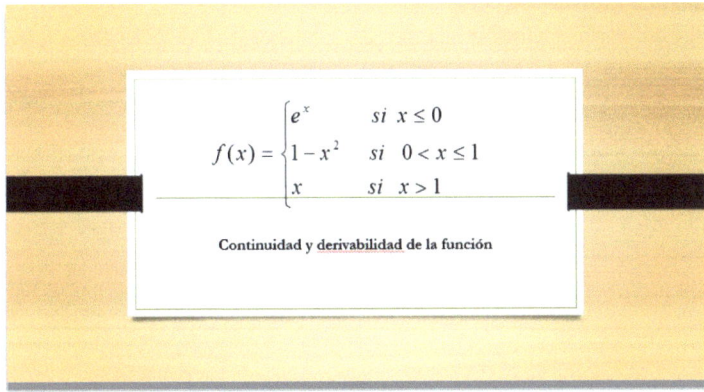

Trasladar una de nuestras ecuaciones en Word a otros programas no es algo trivial. Funciona normalmente sin problemas con software de la propia empresa Microsoft (Powerpoint, Excel, etc), pero existe toda una problemática con el copia-pega o incluso con la opción Importar de aplicaciones de otras empresas o que funcionan sobre otros sistemas operativos.

En algunas ocasiones, y si efectivamente encontramos problemas para pegarlas o importarlas, llegamos incluso a hacer capturas de la ecuación en formato de imagen. En Windows podemos usar la herramienta "Recortes" para ello, y en equipos de la marca Apple usaremos herramientas tipo 'Instantánea'.

La problemática se puede extender también a aplicaciones libres o shareware tipo OpenOffice funcionando sobre sistemas operativos Linux. Puede ser habitual disponer en las aulas de equipos con Ubuntu, o sucedáneos del mismo con aplicaciones OpenOffice que no serán capaces de abrir nuestros documentos tal cual los generamos.

Guardar nuestro documento con formato .docx con nuestra versión moderna de Word puede ser suficiente para que no exista "entendimiento" con el procesador de textos de OpenOffice, o con el software de presentaciones del mismo paquete.

En definitiva, puede ser interesante siempre grabar nuestro documento Word con las ecuaciones, en formato PDF –aparte del formato Word-, que nos asegurará la visualización en aplicaciones de Adobe y en otros sistemas operativos. Lo cual no nos asegura que se permita la edición del documento en estos programas.

2. Utilizando el proyector.

El ordenador del aula y el proyector.

Actualmente es habitual que en las aulas dispongamos de un ordenador y un proyector que podemos usar para la docencia.

El ordenador del aula puede ser de muchos tipos, pero principalmente dispondrá de uno de estos sistemas operativos: Windows, MacOS o Linux (Ubuntu, Redhat, y distribuciones tipo Lliurex).

Este ordenador probablemente tendrá instalado Microsoft Office en Windows, OpenOffice o similar en los Linux, e incluso Office para Mac si es un Apple. En cualquier caso el ordenador dispondrá de un visor de PDF's tipo Acrobat Reader y un navegador web si disponemos de red en el aula.

Cuando trabajamos con el ordenador y usamos los programas, se envía la señal de video al proyector y podemos impartir la clase normalmente. En muchas ocasiones los proyectores suelen disponer de un altavoz interno que también debe estar conectado al ordenador por si reproducimos vídeos o archivos multimedia.

Ordenador portátil y el tablet/iPad

En ocasiones no existe ordenador en el aula para conectar al proyector y usamos ordenadores portátiles del centro, o incluso nuestro propio portátil.

Si el equipo es propiedad del centro, se entiende que no habrá problema para conectarlo al proyector mediante una caja de conexiones en la pared de aula y el cable correspondiente.

Sin embargo, si es nuestro portátil el que queremos conectar en el aula, la conexión de video de nuestro equipo debe ser la misma que la del aula (que es "la que manda"). Actualmente los equipos menos actuales disponen de salida y conector VGA. Los más modernos disponen de conectores DVI y HDMI.

VGA, DVI, HDMI

Y por supuesto, en caso de no coincidir nuestro conector de salida con el de entrada hacia el proyector, será necesario el adaptador correspondiente.

adaptadores VGA - DVI

Algunos proyectores modernos disponen de conexión a la red mediante WIFI y permitirían una conexión inalámbrica entre el equipo y el proyector, pero únicamente si están conectados a la misma subred. También hay proyectores que son compatibles con Airplay y otros protocolos, que permiten a los equipos de Apple conectarse también de forma inalámbrica.

Si por el contrario no vamos a usar un ordenador portátil ni de sobremesa, es porque estamos pensando en un dispositivo Tablet, iPad o similar. Son dispositivos que podemos transportar fácilmente, permiten navegar, consultar correo, mostrar fotografías e instalar aplicaciones específicas. ¿Será válido como apoyo en nuestra clase?

Hemos de tener en cuenta que una Tablet suele llevar instalado un sistema operativo Android o Windows Mobile. Un iPad lleva un sistema operativo IOS de Apple. Estos dispositivos efectivamente permiten la instalación de muchas aplicaciones, pero no necesariamente un editor de ecuaciones, por lo que previamente deberemos disponer de nuestros documentos en formatos estándar tipo PDF, que sí se puedan mostrar con una App correspondiente.

Si nuestra finalidad es conectar en el aula nuestra Tablet o iPad, será imprescindible disponer del cable correspondiente del fabricante (o uno compatible), para que la proyección sea posible. Proyectar de forma inalámbrica dependerá de si el proyector lo permite, y si nuestro dispositivo portátil también. (por ejemplo un iPad puede enviar la señal de video a un proyector con Airplay).

Pizarra digital

Desde hace algunos años, y tras la aparición de las pizarras digitales, los centros de enseñanza han invertido en la instalación de las mismas buscando las múltiples ventajas que nos pueden proporcionar.

Una pizarra digital suele ser una "pizarra" blanca -sin brillo- donde se proyecta, y que dispone de unos sensores que le permiten detectar la posición de un bolígrafo o puntero dentro del área de proyección.

La pizarra digital se conecta al ordenador del aula, normalmente mediante un cable USB, que informa al software de la pizarra de nuestros movimientos en la superficie de la misma.

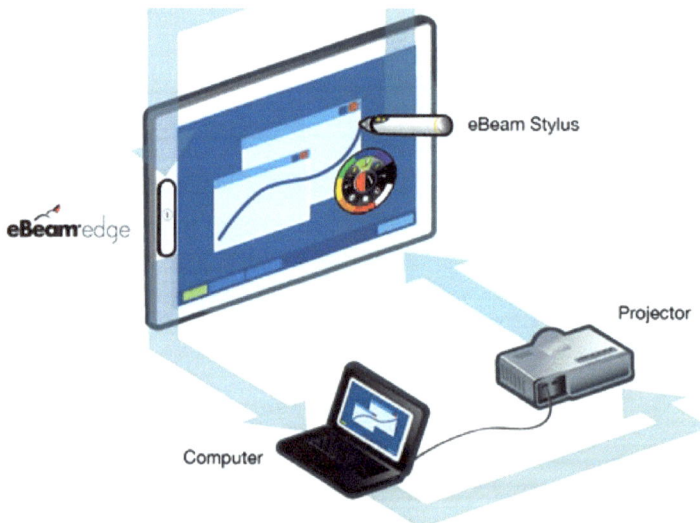

Son muchísimas las ventajas frente a una pizarra convencional y permite al docente y al alumno escribir, remarcar, dibujar, o usarla como si de un ratón de ordenador se tratara.

El software puede reconocer lo que dibujamos y nos permite transformar

–por ejemplo- un triángulo dibujado a mano a un triángulo perfecto, entre otras muchas cosas. Algunas pizarras digitales incluso se pueden manejar con el dedo en lugar de usar el puntero incluido. Es posible seleccionar colores, borrar, sombrear, abrir página nueva y un largo etc.

Y por supuesto, todo lo que escribimos en la pizarra aparece en el software de la misma permitiendo la grabación en disco de lo que hacemos.

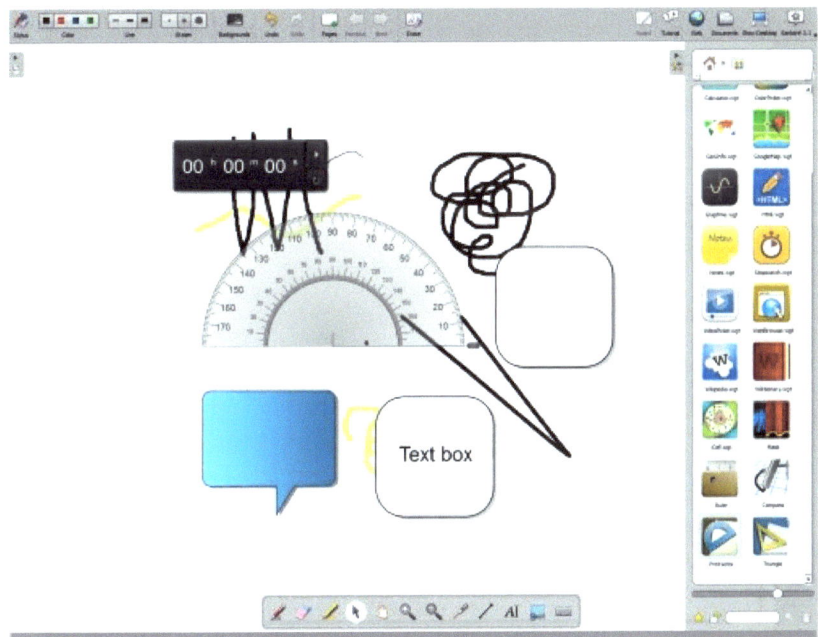

Los propios fabricantes nos informan de todas las características y son especialmente interesantes, aunque para la impartición de clases precisamente de la asignatura de Matemáticas podemos encontrarnos con algunos detalles negativos que comentamos a continuación.

-**El área de pantalla.** Puede no ser suficientemente grande para nuestras ecuaciones, demostraciones o explicaciones. El fabricante lo soluciona indicando que podemos ir añadiendo nuevas "hojas" en blanco. Y es cierto. Pero por experiencia con las pizarras digitales puede ser incómodo desmenuzar lo que explicamos en tantas partes y tener que rebobinar o avanzar en las páginas durante nuestra explicación.

-El trazo. Escribir con el dedo –si la pizarra lo permite- genera un trazo demasiado grueso de lo que estamos escribiendo. Si usamos el puntero de la pizarra proporcionado por el fabricante, podemos ajustar el grosor del trazo hasta seleccionar el idóneo. Sin embargo, si seleccionamos un trazo fino (ideal para ciertas fórmulas) no será fácilmente visible por los alumnos de las últimas filas.

-La velocidad. Al escribir en una pizarra digital, normalmente existirá un pequeño retardo desde que el puntero toca la superficie hasta que se dibuja el punto o la línea. Se trata de un retardo mínimo, pero incómodo si estamos acostumbrados a escribir en una pizarra convencional a una cierta velocidad.

Independientemente de estos detalles que comentamos, son muchas las ventajas del uso de una pizarra digital y es una experiencia recomendable y muy interesante.

El proyector interactivo.

El proyector interactivo es la evolución de la pizarra digital, principalmente porque es el proyector –y no la pizarra- el que dispone de los sensores de localización del puntero (bolígrafo incluido con el aparato).

Esto quiere decir que el proyector no requiere una pizarra. El interactivo puede proyectar directamente sobre una pared o superficie blanca y es el proyector el que está conectado al ordenador, y no la pizarra como en el caso anterior.

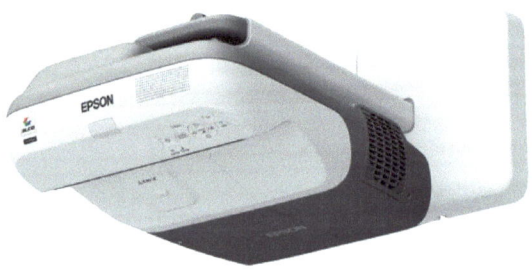

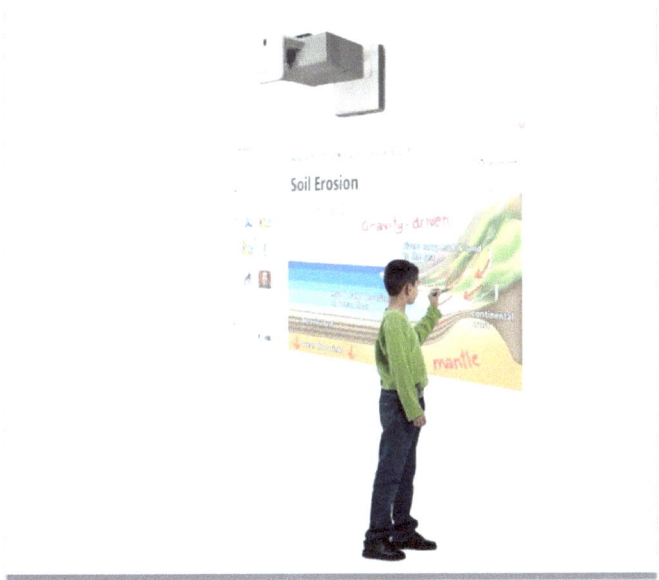

Estos proyectores suelen instalarse cerca de la pared y reciben el nombre de "corta distancia" o "ultra corta distancia" dependiendo de los centímetros de separación.

Disponer de un proyector de este tipo nos asegura que el docente no va a molestar con su sombra sobre la proyección, como ocurre con los proyectores convencionales. El profesor evita también, lógicamente, los destellos de la luz del proyector convencional en los ojos si se mueve frente al mismo.

Por lo demás puede ser similar en cuanto a características de uso y las herramientas de dibujo y escritura del software.

En resumen, una evolución interesante de la pizarra digital y que hace de la docencia una tarea más cómoda.

3. Otros recursos multimedia.

Tabletas digitalizadoras.

Cuando hablamos de tabletas digitalizadoras nos viene a la mente la imagen de los diseñadores dibujando piezas y diseños sobre una superficie de plástico con un bolígrafo especial y con programas de diseño tipo Autocad o similares.

La tableta puede ser una solución para la escritura a mano alzada, fundamental para nuestras clases de matemáticas, y sin necesidad de levantarnos para escribir en la pizarra.

Las tabletas van conectadas al ordenador y permiten dibujar o diseñar con mucho detalle. Hay disponibles de muchos tamaños, por lo que una tableta grande nos proporciona una superficie grande, pero…

Cuando dibujamos o escribimos con ese bolígrafo, con punta de plástico, lo que escribimos aparece en pantalla, pero no en la superficie de la tableta. De esta manera, escribimos 'a ciegas' a no ser que no quitemos ojo de la pantalla del ordenador.

Otro problema que nos podremos encontrar será cuando queramos hacer referencia a algo que ya hemos escrito previamente; nos tenemos que fijar en la pantalla para intentar acertar la posición en una tableta sin nada escrito. O simplemente si queremos añadir algo en una fórmula, normalmente no seremos capaces de acertar la posición de la misma.

Es una lástima, pero no suele ser la solución para proyectar nuestras explicaciones en el aula.

Lápiz óptico.

Un lápiz óptico consiste en un pequeño escáner colocado en un bolígrafo convencional, que escanea lo que vamos escribiendo sobre el papel y lo muestra en el software del fabricante y que podemos proyectar en el aula.

Podría ser una solución para nuestras explicaciones, pero la experiencia indica que es incómodo. Escribimos en papel, vemos lo que estamos escribiendo y lo estamos digitalizando y proyectando, pero el software no sabe en qué posición de la hoja de papel nos encontramos, por lo que no acaba de ser la solución fina para la escritura a mano alzada sobre papel normal.

Cuadernos interactivos en papel.

Un cuaderno interactivo puede ser la solución económica definitiva para nuestra necesidad de escritura a mano alzada. Consiste en un lápiz óptico + un bolígrafo convencional + un bloc de papel microperforado.

O sea, que disponemos de un bloc de papel con unas microperforaciones y marcas, que indicarán al software la posición de nuestro bolígrafo sobre el papel. El bolígrafo tendrá dos puntas: la que lleva la tinta como cualquier bolígrafo convencional y la que escanea lo que escribimos.

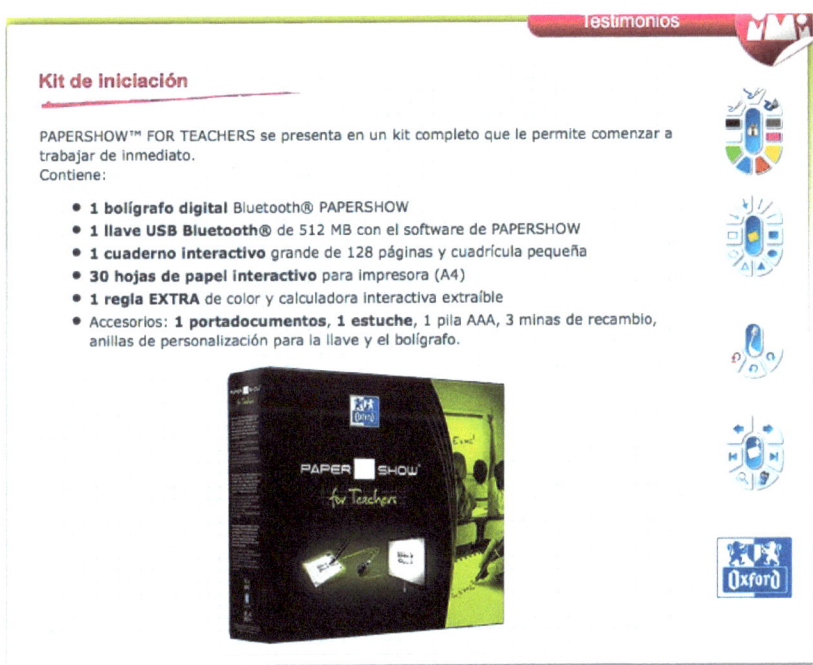

En resumen, que dispondremos de un bloc de papel en el que escribimos a nuestra velocidad habitual con el bolígrafo especial de dos puntas. El escáner lo captura todo, vemos lo que escribimos con la tinta convencional, y en el caso de tener que remarcar, o añadir algo, lo haremos correctamente gracias al bloc microperforado que indicará al software de nuevo la posición donde escribimos.

Es una solución barata y el gasto lo tenemos realmente teniendo que comprar esos blocs microperforados a medida que se van gastando y los recambios de tinta (específicos) del bolígrafo convencional.

A continuación mostramos un ejemplo de cuaderno interactivo en papel de la empresa Oxford de material de oficina. El producto se llama "PaperShow for teachers".

(http://www.papershowforteachers.com/)

Monitor interactivo.

Un monitor interactivo es una de las nuevas herramientas para nuestras clases de matemáticas.

Consiste, como su nombre indica, en un monitor de ordenador que se instala horizontalmente en la mesa (o con cierta inclinación). Se visualiza lo que haya en ese momento en el ordenador, como es lógico. Es el monitor que utiliza nuestro ordenador.

Es táctil, por lo que se puede manejar con los dedos. Incluye un bolígrafo especial que no escribe, pero funciona sobre la pantalla del monitor. Es algo así como una Tablet de mayor tamaño.

Por tanto, todo lo que hagamos sobre esta pantalla se puede proyectar también en el aula desde la mesa del profesor.

Podemos encontrarlos en diferentes tamaños, por lo que la superficie del área de escritura es marcada por las pulgadas del monitor y la resolución elegida en el ordenador.

Incluye un software similar a los proyectores interactivos y tiene muchísimas ventajas: podemos usarlo como ratón sobre un navegador web o cualquier aplicación que tengamos funcionando en nuestro ordenador, dibujar, elegir colores y grosor de trazos, borrar, abrir páginas nuevas, grabar la sesión, y un largo etc. Y como decimos, no necesariamente sobre el software de dibujo, sino sobre lo que visualizamos en el monitor.

Por supuesto, el precio es el problema, pero nos consuela saber que no es necesario el monitor convencional del aula, por lo que nos lo ahorramos.

Los más usados suelen ser de la empresa Wacom, aunque otras marcas ofrecen ya una interesante competencia.

Un ejemplo:

http://www.wacom.com/es-es/products/pen-displays/cintiq-13-hd

Proyección de objetos y Webcam.

Una vez estudiadas las herramientas anteriores, vamos a introducir algunas mejoras o a hablar de algunos recursos tecnológicos adicionales y que mejoran nuestra experiencia docente.

Una tarea habitual en el aula suele ser la de mostrar objetos tridimensionales, por ejemplo, cuando estudiamos geometría. Estos objetos se distribuyen entre los alumnos durante la sesión, pero si el ponente ha de señalar o remarcar detalles sobre los propios objetos ha de hacerlo en repetidas ocasiones por la dificultad de mostrarlo a todos los alumnos a la vez.

Podemos proyectar o grabar nuestra explicación si captamos los objetos mediante un proyector de opacos o una cámara web.

El proyector de opacos ha quedado obsoleto actualmente, y en general se usa una cámara web (webcam) instalada sobre un soporte para este menester.

En resumen, que simplemente con una cámara web montada sobre el correspondiente soporte o trípode, es suficiente para captar los objetos o nuestras manos.

En ocasiones se busca una cámara web de calidad capaz de capturar con bastante definición los detalles, y que se pueda montar sobre un trípode.

Necesitaríamos una cámara web con conexión USB y que incluye el software de captura, que es el que proyectaremos en el aula para la demostración.

Logitech C920

28

4. Clases y sesiones por videoconferencia.

Para la realización de videoconferencias, herramienta que queremos usar para la impartición de alguna de nuestras clases, encontraremos en la red multitud de plataformas que nos lo permiten, siendo la mayoría de ellas de pago.

Skype es una de ellas, sin coste, y está dirigida a realizar llamadas de voz y videollamadas especialmente, aunque dispone de pocos recursos para realizar presentaciones powerpoint en directo, mostrar PDF's y hacer referencia a ellos, etc. Pero como se trata de una herramienta que podemos usar gratuitamente, todo es cuestión de hacer un par de pruebas y rápidamente encontraremos los "trucos" para conseguir nuestro objetivo.

Webex es otra aplicación, de la firma Cisco Systems, Inc. Está más especializada en la compartición de presentaciones y archivos, pero es de pago y les 'alquilamos' las salas virtuales para nuestras clases o videoconferencias.

Elluminate y Adobe Connect requieren la instalación de un servidor con las salas virtuales, nos cobran por número de salas de videoconferencia/licencias, pero también nos ofrecen la posibilidad del alquiler de salas que son mantenidas por esas empresas.

El uso de plataformas de pago nos permite una mayor calidad de video/audio (normalmente) y facilidades para la compartición de presentaciones, como indicábamos. Pero sobre todo se nos va a permitir un número más grande de participantes simultáneos durante la videoconferencia. Adobe Connect, por ejemplo, nos permite mantener la videoconferencia con hasta 99 personas simultáneamente. Otra ventaja principal es la posibilidad de grabación de las sesiones desde la misma plataforma.

Vamos a comentar en este capítulo el uso de Skype para conseguir nuestros objetivos, es gratuito para el uso que se le va a dar y más adelante introduciremos el uso de Adobe Connect, herramienta más usada en

Universidades y centros docentes y con un coste no tan alto como Elluminate.

Videoconferencia usando Skype.

http://www.skype.com/es/

Skype, actualmente parte de la empresa Microsoft, es una de las plataformas más usadas a través de Internet para la realización de llamadas de audio y video, que nos puede resultar interesante para la impartición de nuestras clases a distancia por videoconferencia.

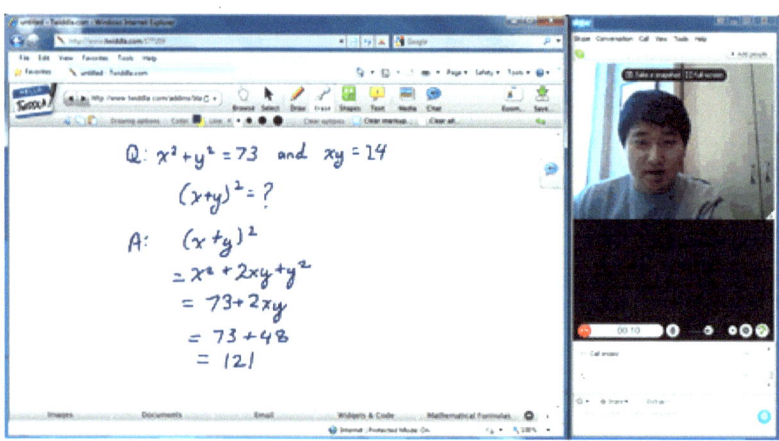

Para utilizar Skype es necesario disponer de una cuenta con la empresa, por lo que deberemos crear una o registrarnos si no la tenemos. Lo mismo les ocurre a las personas con las que vamos a conectar durante la videoconferencia: deben tener previamente una cuenta activa en la plataforma Skype.

El funcionamiento de Skype permitirá las llamadas entre usuarios Skype. Por ejemplo, el usuario "mjibanez" podrá marcar el número de teléfono "bresovicente" para establecer comunicación con esa persona.

Instalación.

Una vez seamos usuarios de Skype registrados será necesario instalar el software Skype en nuestro ordenador o dispositivo.

Skype está disponible para diferentes sistemas operativos, y podrá funcionar –por tanto- en equipos Windows, Mac y Linux, pero también en dispositivos portátiles y otros equipos de comunicación.

- Equipos: Windows, Apple, Linux.
- Móviles: Android, IPhone, Blackberry, Windows Phone, Nokia X y Amazon FirePhone.
- Tabletas: iPad, Tabletas con Android y Kindle Fire HD.
- TV: Televisiones SmartTV
- Teléfonos: Teléfonos Skype.
- Otros: iPod Touch, Videoconsolas Xbox One y Playstation Vita.

Requisitos

Para comenzar a usar Skype, necesitamos cumplir unos requisitos mínimos:

- Una conexión a Internet de banda ancha siempre que sea posible. Podemos conectarnos al router mediante WIFI, por cable y con conexiones 3G/4G o similares en dispositivos portátiles.
- Disponer de altavoces y micrófono. Fundamental si queremos establecer una comunicación de voz, como es lógico.
- Una cámara para realizar las llamadas de vídeo. Requisito fundamental si queremos que nos puedan ver en el otro lado o enseñar objetos a los conferenciantes.
- Skype instalado y configurado.

¿Cómo funciona Skype?

Skype utiliza un protocolo de Internet del tipo voz sobre IP, también conocido como VoIP, el cual hace posible que las señales de voz sean transformadas en paquetes digitales y enviados a través de Internet.

Existen varios tipos de ordenadores en una red de Skype: los "clientes" y los "súper-nodos". Un "cliente" es el dispositivo de un usuario normal que tiene la aplicación instalada y la utiliza para hacer llamadas o videoconferencias. Los "super-nodos" son equipos a los que se conectan los clientes y están localizados en diferentes partes del mundo.

Nuestro Skype, al instalarse por primera vez, ya conocerá a qué Supernodo puede conectarse. Estos equipos son los responsables de localizar al usuario de Skype al que estamos llamando.

Servicios que proporciona Skype.
Llamadas

- Llamadas entre usuarios de Skype. Llamar gratis a cualquier persona que esté en Skype, en cualquier lugar del mundo.
- Llamadas a teléfonos fijos y móviles. Llamar a teléfonos móviles y fijos de cualquier red de telefonía.
- Llamadas grupales. Reunir a un grupo de personas en una sola llamada. Podremos añadir hasta 25 personas simultáneas.
- Otros servicios. Número de Skype. Identificación de llamadas. Skype To Go.

Videollamadas.

- Videollamadas entre dos personas.
- Videollamadas grupales. Reunir a un grupo de conferenciantes al mismo tiempo en una sola videollamada.

Mensajería.

- Mensajería de video. Enviar un mensaje que se puede ver y escuchar.
- Mensajería instantánea. Envío de mensajes SMS. Mensajes de voz. Compartir mensajes, fotos y nuestra ubicación desde nuestro teléfono móvil.

Compartir

- Envío de archivos. Enviar archivos, fotos y videos de cualquier tamaño a los conferenciantes. Simplemente arrastrando o añadiendo el archivo a nuestro chat de Skype.
- Pantalla compartida. Compartir la pantalla de nuestro equipo con la persona con la que hablamos.
- Pantalla compartida grupal. Mantener a todos al corriente con una videollamada grupal.
- Envío de contactos. Compartir fácilmente un contacto, un número y un nombre de usuario.

¿Qué nos interesa de Skype?

Con Skype podemos hacer llamadas gratuitas entre usuarios Skype, llamadas a teléfonos fijos y móviles, videollamadas, enviar mensajes de texto, compartir archivos y muchas cosas más. Lo normal es que todo lo que no sea llamadas a otros usuarios de Skype, sea de pago porque se ha de usar internamente una pasarela para conectar con las redes de telefonía.

En caso de querer usar estos servicios de pago, como es normal, deberemos disponer de saldo en nuestra cuenta que podemos ir recargando con nuestra tarjeta de crédito u otras modalidades.

Hemos mostrado un listado de los servicios disponibles, gratuitos o no, aunque si nuestra intención es la de impartir una clase, remarcaremos de algún modo los pocos servicios gratuitos que necesitaremos: la realización de llamadas entre usuarios Skype y la Compartición de escritorio o archivos.

Llamadas entre usuarios Skype. Recomendaciones.

Para realizar la llamada o videollamada a otro usuario, deberemos escribir su nombre de usuario Skype en la pantalla de llamada, o seleccionarlo en la lista de contactos y pulsar el botón de llamada.

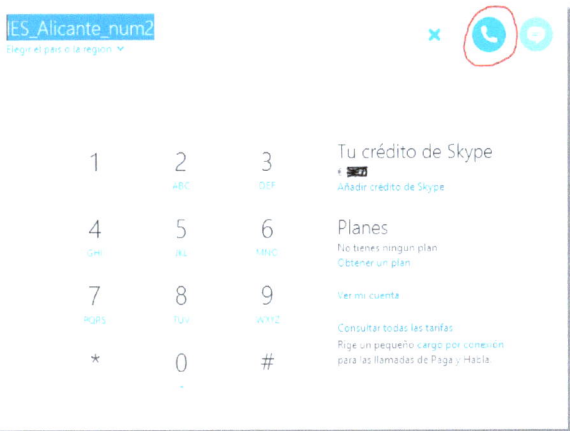

A continuación vamos a proporcionar diferentes recomendaciones que nos pueden ayudar a obtener unos resultados de calidad en nuestra llamada o videollamada.

Comprobar nuestra conexión a Internet.

- Para obtener una calidad aceptable en la llamada, necesitaremos una conexión estable con suficiente ancho de banda. Para obtener los mejores resultados, y como avanzábamos cuando hablábamos de los requisitos:
- Utilizaremos una conexión por cable siempre que sea posible.
- Si estamos utilizando una conexión WiFi, intentaremos situarnos lo más cerca posible del router para obtener así, la mejor señal posible.
- Cerraremos todos los programas activos que puedan estar usando ancho de banda en la red.

Comprobar nuestro equipo.

- El hardware y software de nuestro equipo pueden afectar a la llamada. Para obtener la máxima calidad:
- Comprobaremos que cumplimos los requisitos mínimos para ejecutar Skype.
- Usaremos la versión más reciente de Skype.
- Nos aseguraremos de que nuestro equipo está actualizado y que hemos descargado e instalado las últimas actualizaciones del sistema.
- Siempre que sea posible, usaremos auriculares con micrófono incorporado para evitar problemas de ruidos y ecos en el audio o, si no fuera posible, un micrófono independiente y altavoces al volumen adecuado.

Comprobaremos la configuración de Skype.

- En Skype accederemos a Herramientas > Opciones y comprobaremos la configuración de audio y vídeo. Podemos ver un rápido videotutorial en

  https://www.youtube.com/watch?t=23&v=F9OYOHkGIRw

Asegurarnos de que se puede comunicar con el otro conferenciante.

- Si el conferenciante al que vamos a llamar todavía no está en la lista de contactos, lo añadiremos y comprobaremos que está conectado y disponible.

Haremos una llamada de prueba.

Podemos practicar haciendo una llamada y comprobar que los altavoces y el micrófono funcionan correctamente. Simplemente escribiremos echo123 en el campo de búsqueda en Skype para empezar o buscaremos el contacto por defecto "Llamada de prueba Skype". Se realizará una llamada a un "teléfono" de pruebas y una locución nos indicará los pasos a seguir para comprobar el audio de nuestro equipo.

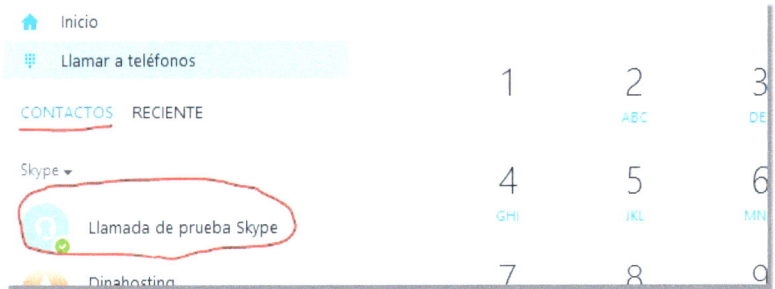

Aunque siempre la mejor prueba de funcionamiento será realizar una llamada a algún amigo o usuario de Skype con el que probar la comunicación, ¿no?.

Otras recomendaciones.

Elegiremos un lugar cómodo en una habitación bien iluminada. Para conseguir la mejor calidad de vídeo, usaremos un fondo claro y debemos asegurarnos de que no tenemos luces brillantes o ventanas detrás y evitaremos el contraluz. Para conseguir la mejor calidad de audio, intentaremos que no haya ruidos de fondo de forma que nuestra voz se pueda oír claramente.

Pantalla compartida.

"Compartir pantalla" será la funcionalidad que nos permitirá compartir la pantalla del ordenador con cualquier persona en Skype. Es perfecto para presentaciones de negocios, pero fundamental para la impartición de nuestra clase, permitiéndonos mostrar imágenes a los participantes, o lo que aparece en nuestra pantalla del ordenador o dispositivo.

Aunque no es nada difícil, Skype proporciona un videotutorial para ver cómo podemos compartir la pantalla en menos de un minuto en:

https://www.youtube.com/watch?t=2&v=h157k_qEEpk

Podremos compartir nuestra pantalla con un contacto de Skype en cualquier momento durante una llamada de voz.

También podemos compartir nuestra pantalla con uno o más contactos de Skype durante una voz o una videollamada.

Un ejemplo de compartición de pantalla:

Iniciaremos una llamada de vídeo o de voz.

Después de que la llamada se ha iniciado, hacemos clic en el + botón de la barra de llamada y seleccionamos "compartir pantalla"....

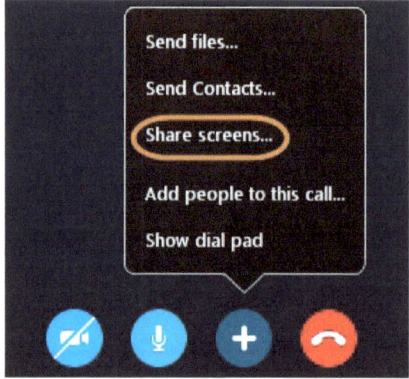

En el cuadro de diálogo que aparece, haremos clic en "Iniciar" para compartir toda nuestra pantalla. Si tenemos más de un monitor conectado al ordenador, podremos seleccionar el monitor a compartir.

Podemos seleccionar si queremos compartir la pantalla completa de nuestro ordenador, o simplemente una ventana activa. Para compartir esa ventana específica haremos clic en el botón de flecha abajo y seleccionaremos "compartir una ventana".

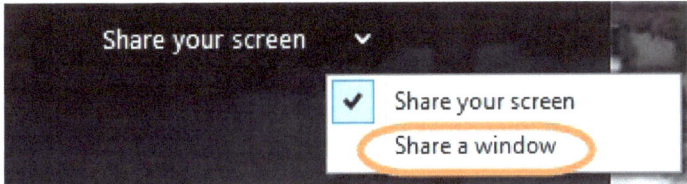

A continuación, seleccionaremos la ventana que deseamos compartir y haremos clic en Inicio.

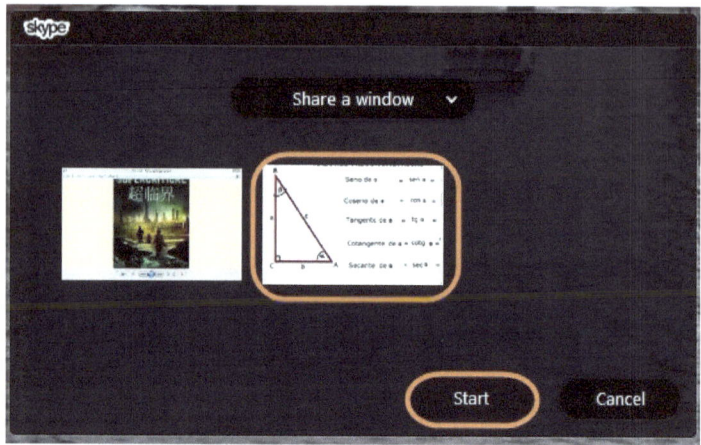

Una vez deseemos dejar de compartir la pantalla o ventana, en la ventana flotante haremos clic en "dejar de compartir".

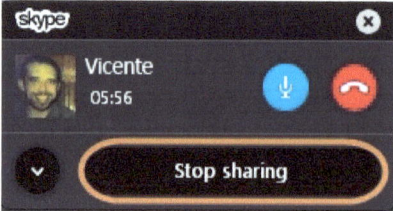

Sólo se permite a una persona compartir su pantalla durante una videoconferencia, aunque en cualquier momento podemos dejar de compartir nuestra pantalla para que la comparta el otro conferenciante.

Llamadas grupales.

Podemos realizar una llamada grupal de hasta 25 personas, aunque Skype recomienda un máximo de 5 por motivos de calidad del servicio. Por supuesto, todos usuarios de Skype.

Para poder hacer una llamada a un grupo de personas será recomendable crear previamente un "grupo" dentro de lo que es nuestra agenda de contactos.

A partir de ese momento, podremos hacer una única llamada al grupo.

Los pasos a seguir son los siguientes:

1. En Skype, haremos clic en Contactos y después en Crear nuevo grupo....

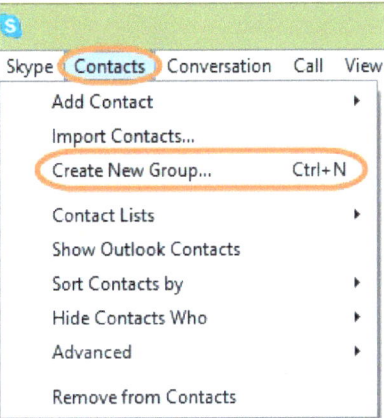

2. Aparecerá un grupo vacío, y abriremos el mismo haciendo un clic.

Podremos hacer clic en el icono Modificar para asignar un nombre a nuestro grupo de conferenciantes.

Escribiremos a continuación un nombre para nuestro grupo y cerraremos la ventana de perfil de grupo.

3. Haremos clic en el botón Añadir para añadir personas al grupo. También podemos usar el sistema de arrastrar y soltar.

 ⊖ Game Night

Un sistema más rápido puede ser usando el botón Añadir. Se cargará nuestra lista de contactos y podremos marcar a las personas que queremos añadir. A continuación pulsaremos en Añadir a grupo. Podemos seleccionar hasta 24 contactos.

4. Haremos clic en el botón Llamar.

La pantalla cambia de color, aparece una barra de llamadas en la parte inferior de la pantalla y escucharemos un tono de llamada hasta que contesten.

5. Una vez aparezcan los contactos, podemos iniciar conversaciones para comprobar que todos los participantes nos escuchan y funciona la videoconferencia entre todos.

6. En caso de surgir algún problema, podremos hacer clic en la barra de llamadas, en el icono de calidad de las llamadas y verificar la

configuración (tendremos que mover el ratón para que aparezca la barra de llamadas).

Enviar un archivo a los conferenciantes.

Hacer llegar un archivo a los conferenciantes es tan simple como pulsar el botón + de la ventana de llamada y seleccionar "Enviar archivo".

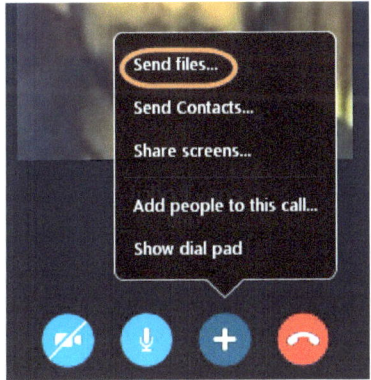

Buscaremos y seleccionaremos el archivo a enviar. Si deseamos enviar más de un archivo al mismo tiempo, mantendremos presionada la tecla Ctrl mientras seleccionamos cada fichero.

A continuación sólo restará Abrir el archivo y éste será enviado al resto de los conferenciantes.

Conclusión.

Hemos creado una cuenta de Skype, al igual que nuestros conferenciantes, y la usaremos para la impartición de nuestro curso.

Deberemos conocer los nombres de usuarios Skype de los conferenciantes, bien haciendo una búsqueda con el propio programa o introduciéndolos en nuestra agenda de contactos.

Crearemos un grupo para que sea posible la videollamada grupal.

Haremos la videollamada a un grupo, no a un usuario.

Una vez con la videollamada iniciada podemos

1. Enviar archivos
2. Compartir ventana
3. Compartir toda la pantalla
4. Dejar de compartir y permitir que sea otro participante quien comparta la ventana/pantalla.

Si estamos ejecutando en nuestro ordenador el software de un monitor interactivo, pizarra interactiva, cuaderno digital o cualquier otra aplicación, éste será visible por los conferenciantes y habremos conseguido nuestro objetivo de impartición de clases usando Skype.

Algo pendiente podría ser la posibilidad de grabar nuestra clase o sesión, pero Skype no lo contempla. Se pueden utilizar herramientas que capturan nuestra pantalla de ordenador junto con el audio y generan un video para su posterior visualización en diferido. Podemos encontrar en la red cientos de ellas.

Videoconferencia usando Adobe Connect

Vamos a hablar ahora de uno de los sistemas más utilizados para la realización de videoconferencias web que no requiere la instalación de un software específico ni del registro previo de usuarios participantes: Adobe Connect.

Esta plataforma de pago, como indicábamos anteriormente, nos permite conectar hasta un máximo de 99 participantes simultáneos en la misma sala de videoconferencia combinando video, audio y presentaciones consiguiendo una comunicación de calidad entre los participantes.

Sistema de videoconferencias web.

Como ocurre con Skype, si optamos por un software de videoconferencia, éste deberá ser instalado por los diferentes interlocutores en sus ordenadores. Sin embargo, mediante una videoconferencia web o webconference, la única condición para que se pueda realizar es que todos los participantes dispongan de un navegador web actualizado.

Como hemos comprobado, en la utilización de Skype, debemos disponer de una cuenta, tanto un interlocutor como el otro, para poder comunicarnos. Se realiza la "llamada telefónica" a un usuario determinado y no a un número de teléfono.

Al hablar de Adobe Connect, nos vamos a centrar en un sistema de videoconferencia en el que ningún participante debe instalar ningún programa en su ordenador. Simplemente se requerirá que los participantes se conecten a una URL o dirección de Internet, y así automáticamente podrán participar en la videoconferencia. Pero sin haber creado una cuenta en ninguna web, ni haber descargado ni instalado ningún software ¿es esto posible?

La respuesta es afirmativa. A este sistema de videoconferencia usando un navegador web habitual, lo denominamos Videoconferencia Web.

Adobe Connect es un producto comercial y tiene un coste para los anfitriones u organizadores que no repercute a los participantes.

Como indicamos, éstos únicamente acceden a una URL y no deben instalar ni comprar software alguno.

Para poder trabajar sobre una sala virtual mediante la plataforma Connect, es necesario que el organizador de la videoconferencia o la clase (nosotros) haya adquirido una sala virtual comprándola previamente a Adobe, eligiendo entre diferentes modalidades. También es posible alquilarlas durante un periodo determinado y Adobe se encarga de mantenerlas operativas.

http://www.adobe.com/es/products/adobeconnect/meetings.html

Esas salas compradas o alquiladas llevan asignada una URL, que es la que proporcionamos a todos los participantes. Éstos accederán a la sala virtual el día y hora acordado y mantendremos así la videoconferencia.

Ejemplo de URL de una sala:

http://adobeconnect.com/matematicasadistancia (url no real)

Una vez finalizada nuestra clase, se puede limpiar la sala de contenidos utilizados y dejarla preparada para el siguiente uso.

Requisitos.

Las videoconferencias web funcionan en ordenadores fijos o portátiles con distintos sistemas operativos (Windows, Mac OS, Linux) con diferentes navegadores web (Internet Explorer, Firefox, Chrome, Safari, etc.) que tengan instalado un Flash Player actualizado.

Se aconseja, como ocurría en Skype, que los asistentes a las sesiones también utilicen auriculares, en lugar de altavoces, para evitar ecos y ruidos molestos hacia el resto de participantes. Es habitual y recomendable la utilización de auriculares con micrófono incorporado para mayor comodidad.

Como comentamos, también es posible participar en una sala virtual de conferencias desde dispositivos portátiles, BlackBerry's y smartphones con sistemas Android o iOS (iPhone, iPad, Tablets, etc), aunque para estos dispositivos sí que será necesario instalar una aplicación en sustitución del Adobe Flash Player, no disponible para estos dispositivos. Podría ser interesante para los asistentes a nuestra clase, pero no para nosotros que vamos a ejercer de presentadores o ponentes.

Adobe, al igual que hacía Skype, proporciona el acceso a un test de conexión que verifica que, tanto nuestro ordenador/equipo como la conexión a la red, cumplen con los requisitos básicos de funcionamiento. Si al realizar el test se superan los tres primeros pasos de la prueba, podremos decir que nuestro equipo está configurado correctamente para participar o ejercer de presentador en nuestra docencia vía web.

Podemos realizar este test desde la URL siguiente:

http://admin.adobeconnect.com/common/help/es/support/meeting_test.htm

Al igual que con cualquier sistema de videoconferencia web, para asegurar el funcionamiento correcto de la videoconferencia Connect deberemos comprobar ciertos detalles:

1. Comprobar que disponemos de una webcam y micrófono correctamente instalados y configurados en nuestro sistema operativo.

2. Disponer de una conexión a Internet fiable.

3. Comprobar que tenemos actualizado nuestro Flash Player

4.   Ejecutar y superar el test de conexión de Adobe.

Por nuestra parte vamos a centrarnos en el acceso –no en la administración- a estas salas virtuales, que es lo que habitualmente hace Adobe y no los participantes y presentadores de la videoconferencia.

Participantes en las salas virtuales

Normalmente, cualquier persona que conozca la URL de la sala de videoconferencia puede acceder a la misma para participar en el evento. Aunque esto puede variar dependiendo de la configuración de la sala por parte de los propietarios o inquilinos (nosotros), ya que pueden configurarla para que se solicite una contraseña, se acceda con un usuario determinado, o incluso denegar la participación a usuarios no registrados previamente.

Para nuestra clase por videoconferencia, dispondríamos de permisos para poder configurar la sala, elegir el aspecto de la misma, etc. y otorgar permisos especiales a participantes en un momento dado.

Habitualmente, accederíamos a la sala con antelación, la configuraríamos a nuestro gusto y elegiríamos si los asistentes pueden o no hablar sin permiso, o incluso si debe funcionar su cámara web.

Como anfitriones iremos comprobando cómo van accediendo los participantes. Podemos darles permiso para que activen su micrófono y cámara web, e incluso podemos permitir que sean los participantes los que hagan de presentadores y muestren una presentación, por ejemplo, para el resto de asistentes.

Más adelante veremos con más detalle qué podemos hacer los presentadores y los participantes en la sala virtual.

No está de más conocer el tipo de usuarios que pueden coincidir en una sala virtual dependiendo de los permisos de que disponen en la misma.

Perfiles de usuarios que participan en una reunión web:

•   Participantes. Los participantes son meros 'televidentes' y pueden ver y escuchar la videoconferencia, pero no tienen posibilidad de activar el micrófono ni la webcam. Únicamente pueden participar en un chat público o pedir permiso para participar activamente con un botón "levantar la mano".

• Presentadores. Los presentadores pueden hacer una presentación completa al resto de los asistentes. Pueden activar su cámara web y micrófono en cualquier momento e incluso dar permisos a Participantes, usuarios de rango menor.

• Anfitriones. Somos los organizadores de la reunión. Disponemos de los mismos permisos que los presentadores, pero además podemos configurar la reunión, variar tamaño de las ventanas, iniciar o parar la grabación de la sesión, añadir, modificar y quitar componentes, encuestas, etc. Podemos convertir a participantes o presentadores también en anfitriones.

• Administradores. Como su nombre indica, administran las salas virtuales. Disponen de todos los permisos para la administración del sistema, crear salas nuevas, dar de alta usuarios anfitriones y en definitiva los que dirigen la plataforma (Adobe en nuestro caso).

Acceso a una sala Connect

Los participantes en una videoconferencia deben recibir la URL de la misma que será enviada por nosotros, como anfitriones del evento, junto con el día y hora del mismo.

Un ejemplo de url de sala podría ser:

http://adobeconnect.com/matematicas *(url no real)*

En muchas ocasiones podremos realizar videoconferencias de prueba, con anterioridad al evento, con la finalidad de realizar pruebas de sonido, video y para que los participantes se familiaricen con la aplicación web.

Se accede a la URL de la videoconferencia tecleándola en el navegador web, y los participantes entrarán en la página principal de la misma donde se les solicitará identificación. Si únicamente les hemos proporcionado la URL podrán acceder como "Participantes", aunque en ocasiones podemos facilitarles un usuario y contraseña específicos para el acceso.

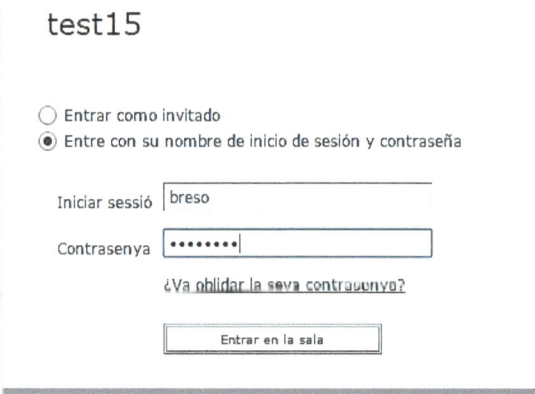

test15

○ Entrar como invitado
◉ Entre con su nombre de inicio de sesión y contraseña

Iniciar sessió | breso

Contrasenya | •••••••|

¿Va oblidar la seva contrasenya?

[Entrar en la sala]

Una vez accedan, esperarán unos segundos hasta que aparezca la ventana con la sala de videoconferencia.

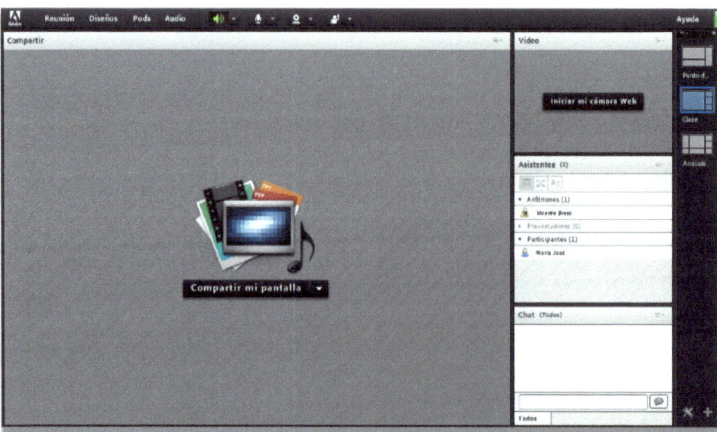

POD's o secciones en pantalla

Ventana de video. Es la ventana donde se visualiza la cámara web del anfitrión, y la de todos aquellos participantes que dispongan permiso para ello.

Todos los usuarios que activen su cámara web se van situando en esta ventana y podemos verlos conjuntamente.

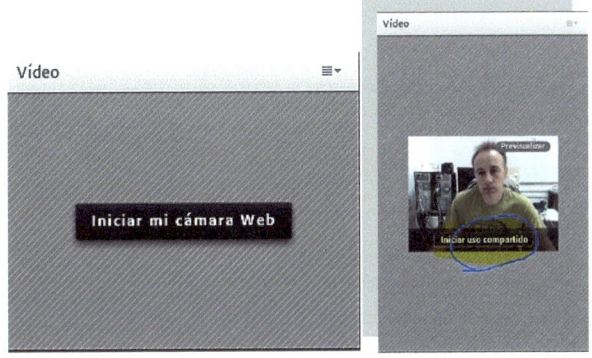

En esta ventana visualizamos el botón "Iniciar mi cámara web" que pulsaremos para ello. A continuación nos puede aparecer una ventana emergente que nos solicitará permiso para acceder a la activación de la cámara, y sólo nos faltará pulsar sobre la opción "Iniciar uso compartido" para que nuestra imagen sea vista por el resto de los participantes.

En la parte superior de la pantalla principal disponemos también de un botón para la activación/desactivación de la cámara en cualquier momento. Junto a este botón también aparece el de activar/desactivar el micrófono y el de "levantar la mano" si se quiere solicitar al anfitrión la participación.

Asistentes. La ventana de Asistentes contiene la lista de todos los participantes conectados en la videoconferencia clasificados por los permisos que de disponen.

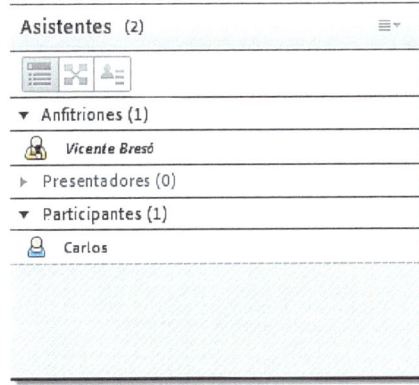

Chat. Es la ventana que nos permite acceder a un chat visible por todos los participantes y que se utiliza para realizar comentarios mientras se realizan las presentaciones. Asimismo en esta ventana puede aparecer una pestaña con el chat privado (no público) que mantengamos con cualquier participante o presentador.

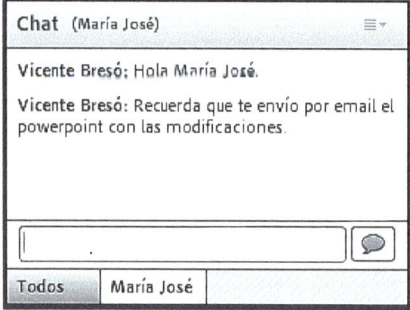

Presentación

En esta ventana se visualiza un documento o presentación elegida por nosotros. Puede mostrar un archivo Powerpoint, Word o PDF entre otros, pero también una pizarra o incluso el escritorio del ordenador según proceda.

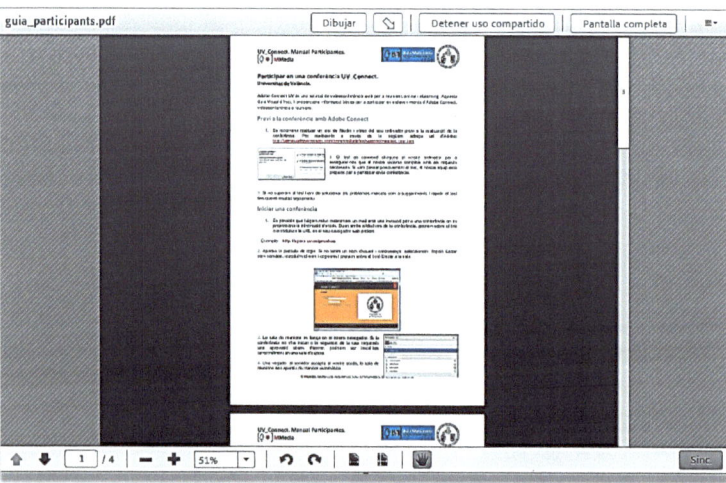

Otras ventanas/Pods

En un momento dado, podremos añadir nuevos Pods o componentes disponibles con otras finalidades.

Archivos. Enlaces a archivos que podemos abrir/descargar.

Notas. Anotaciones de interés que pueden visualizar los asistentes.

Vínculos web. Enlaces o hipervínculos a URL's de interés para los asistentes.

Preguntas y respuestas. Pod que se utiliza por parte del presentador para lanzar una pregunta y poder visualizar las respuestas a la misma de forma organizada.

Encuestas. Es el módulo que podemos lanzar, normalmente al final de la presentación, para evaluar la sesión por parte de los asistentes y mostrar los resultados en directo.

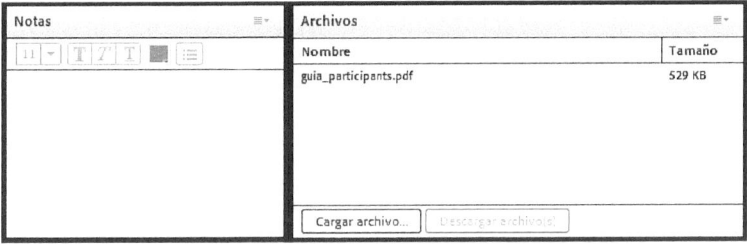

Escalado a presentador

En un momento determinado, con la reunión o videoconferencia iniciada, puede ser interesante o necesario que un participante pueda realizar una presentación o simplemente realizar su aportación a la reunión. Para ello será necesario disponer de permiso de Presentador, que deberemos otorgar al participante.

Pulsaremos sobre el nombre del participante en la ventana de asistentes y lo convertiremos en Presentador. A continuación el nuevo Presentador debe activar su micrófono y/o cámara web con los botones que le aparecen en la parte superior.

A partir de ese momento es un presentador más, y puede incluso usar el pod de presentaciones "subiendo" una nueva presentación que será visible por la totalidad de los participantes y nosotros mismos.

Presentador o anfitrión en la sala virtual

Tanto si somos los organizadores de la reunión/anfitriones, como si somos participantes y nos han dado permisos de presentador vamos a comentar las tareas básicas a realizar cuando tenemos permisos para configurar la reunión a nuestro modo.

Compartir nuestra presentación.

Al seleccionar la opción "Compartir mi pantalla" nos aparecerán tres opciones:

• Compartir mi pantalla

• Compartir documento

• Compartir pizarra

Y al elegir cualquiera de ellas se nos mostrará normalmente una ventana que indica que hemos de instalar un componente llamado "Adobe Connect Add In". Después de aceptar, se descargará automáticamente y se instalará en unos segundos.

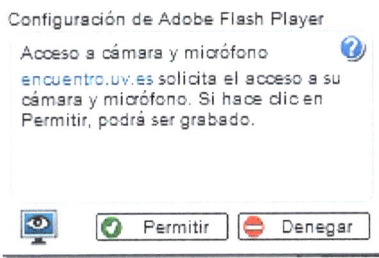

Nota: Puede aparecer un error si existe alguna incompatibilidad con el navegador web que estamos usando. Si es así estaremos obligados a usar otro navegador distinto que sí permita compartir o bien, a actualizar el existente hasta que desaparezca el error.

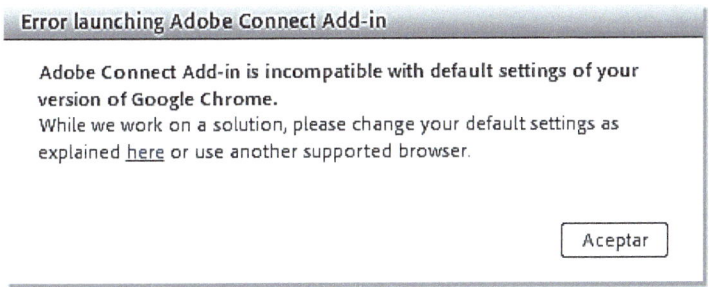

Compartir mi pantalla

Podremos indicar si queremos compartir una aplicación activa en nuestro ordenador o el escritorio de nuestro ordenador para que sea visible por la totalidad de los asistentes.

Esta opción es muy interesante porque nos permite mostrar archivos de determinadas aplicaciones a los participantes, y que no son soportados por Adobe Connect. Comentábamos que únicamente se pueden mostrar o trabajar con archivos Powerpoint, Doc y PDF's, pero… ¿y si quiero mostrar datos de una aplicación de CAD, estadística o simplemente un juego de ordenador?

Si la tengo instalada en mi ordenador puedo compartir la ventana de la aplicación en cuestión y enviar a los participantes mi ventana.

Lo mismo ocurre si deseo enviar a los participantes todo lo que se visualiza en mi ordenador: compartiré mi Escritorio.

Es la solución para poder hacer uso de nuestro hardware de escritura a mano alzada, si disponemos de él.

> *El software de nuestro monitor interactivo, el de nuestra pizarra digital o el de nuestro cuaderno interactivo puede ser el que se muestre a los conferenciantes, con lo que conseguiremos nuestros objetivos: Impartir nuestra clase con la posibilidad de estar escribiendo nuestras ecuaciones en directo con total comodidad.*

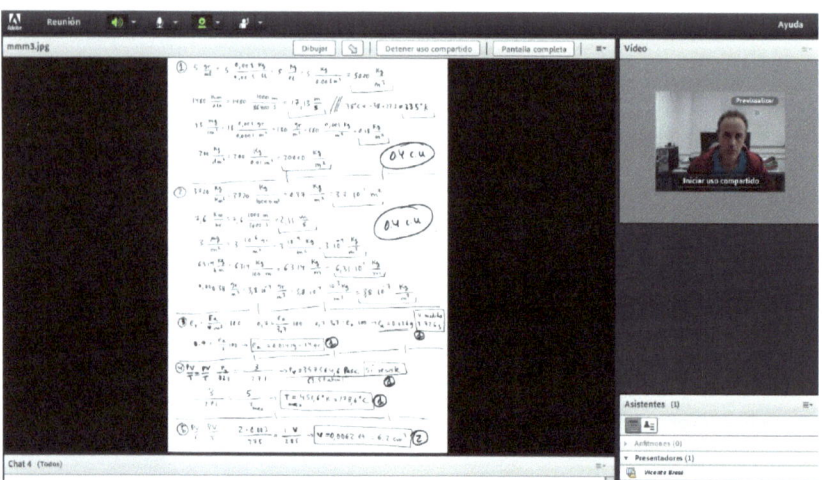

Compartir documento

Es la opción más utilizada y más habitual. Con "Compartir documento" se nos permitirá buscar en nuestro ordenador el fichero que queremos mostrar a los participantes y que usaremos para nuestra presentación.

El fichero en cuestión puede ser de tipo Microsoft Powerpoint (PPT ó PPTX), PDF, DOC, DOCX y pocos más.

El archivo que seleccionemos y que vamos a "subir" a la plataforma sufrirá un proceso de transformación a un formato llamado "Adobe Presenter", que es el que se utilizará para compartir con todos los participantes.

Este proceso de conversión puede tardar hasta varios minutos dependiendo del tamaño del archivo o del contenido del mismo.

Se recomienda, por tanto, subir los archivos de presentación a la plataforma antes del evento, por si se necesitan varios minutos para la conversión y así no hacer esperar a los participantes.

En cualquier caso, y para tener la total seguridad de que no surgen problemas en la conversión, por incompatibilidad entre versiones de Microsoft Office hacia Adobe Presenter, se suele recomendar a los ponentes que dispongan de un par de versiones de su presentación (una más moderna y otra con formato de una versión anterior) por si fallara la conversión. O también es una buena costumbre disponer siempre de una copia de la presentación en formato PDF para evitar estos posibles problemas (un PDF de Adobe se convertirá correctamente a Adobe Presenter).

Una vez cargada la presentación nos aparecerá bajo la misma la barra de botones que nos permitirá avanzar, retroceder, hacer zoom, girar la diapositiva, etc.

Compartir pizarra

Tenemos la posibilidad de mostrar a los participantes una pizarra de dibujo a mano alzada para lo que proceda. Podremos dibujar piezas, escribir textos con colores, y usar unas pocas utilidades básicas de las aplicaciones de dibujo. Esta herramienta es muy pobre e incómoda si disponemos del hardware que comentábamos para la escritura a mano alzada comentado en los primeros capítulos de este libro.

5. Streaming en directo y grabación de clases.

Una videoconferencia es una interesante solución para retransmitir nuestras clases, ya que en un momento dado podemos ser nosotros los anfitriones y que todos los demás asistentes dispongan de permisos -o no- para poder participar. Si los participantes no disponen de permiso para hablar, convertimos nuestra videoconferencia en una especie de emisión de TV, donde los participantes serían meros espectadores.

Si el número de asistentes es pequeño podemos usar Skype o Adobe Connect para nuestra "retransmisión de televisión" en la que nadie nos interrumpe o interactua, pero si queremos hacer un "Directo" a muchos participantes, la videoconferencia no nos permite muchos usuarios simultáneos y hemos de optar por un sistema de Streaming, Live o Directo que permita multitud de oyentes o televidentes simultáneos. Y de paso, que se nos permita la grabación de evento.

> *Youtube es una plataforma que, además de hospedar nuestros vídeos, nos va a permitir crear un "Canal" para que nuestros alumnos –o cualquier usuario- puedan ver en directo nuestras retransmisiones con sólo acceder a una URL el día y hora de nuestra clase.*

Para poder realizar una emisión en directo de nuestras clase y que sea posible acceder a ella mediante Youtube necesitaremos disponer de una cuenta de Gmail para acceder a este servidor multimedia y crear un canal en directo, y por otro lado un software que sea capaz de enviar la señal de audio/video a Youtube.

Los pasos son, por tanto, los siguientes:

1. Crear un canal en Youtube con nuestra cuenta de Gmail.
2. Instalar un software capaz de enviar la señal de audio/video a Youtube. (en nuestro caso usaremos XSplit Broadcaster).
3. Que nuestros televidentes conozcan la URL de nuestra emisión en directo.

YouTube. Creación de un canal para Directo
(https://www.youtube.com/)

Crearemos una cuenta (si no disponemos de una) en Gmail.

Accedemos a Youtube.com y nos validamos con nuestra cuenta Gmail.

Accedemos a CREATOR STUDIO pulsando sobre el botón correspondiente.

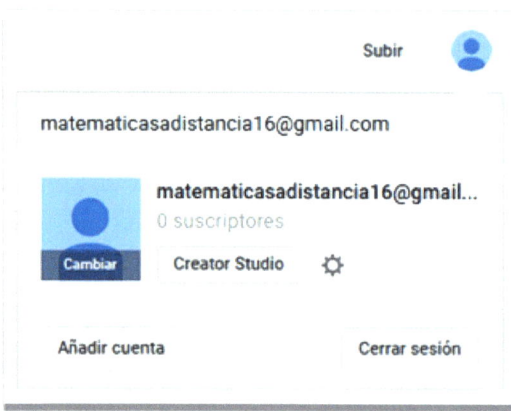

En la parte izquierda de la pantalla nos aparece dentro del apartado "gestor de videos" la opción "EMISIÓN EN DIRECTO", y pulsaremos sobre "Crear un canal".

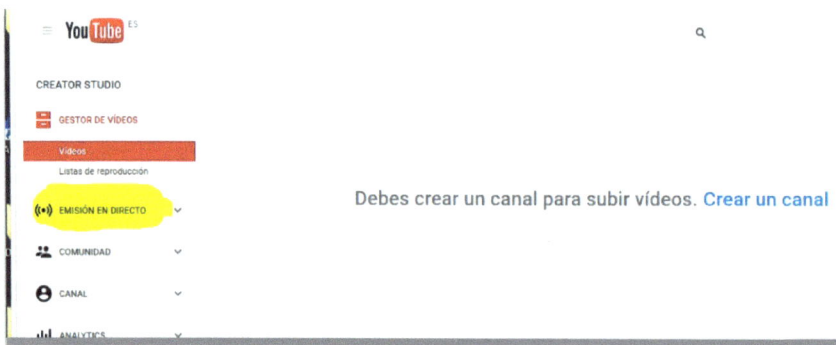

Nos aparecerá una ventana en la que nos preguntará información para configurar nuestro canal. Podemos modificar nuestra información personal o usar un nombre comercial o diferente al que aparece por defecto para nuestra emisión en directo.

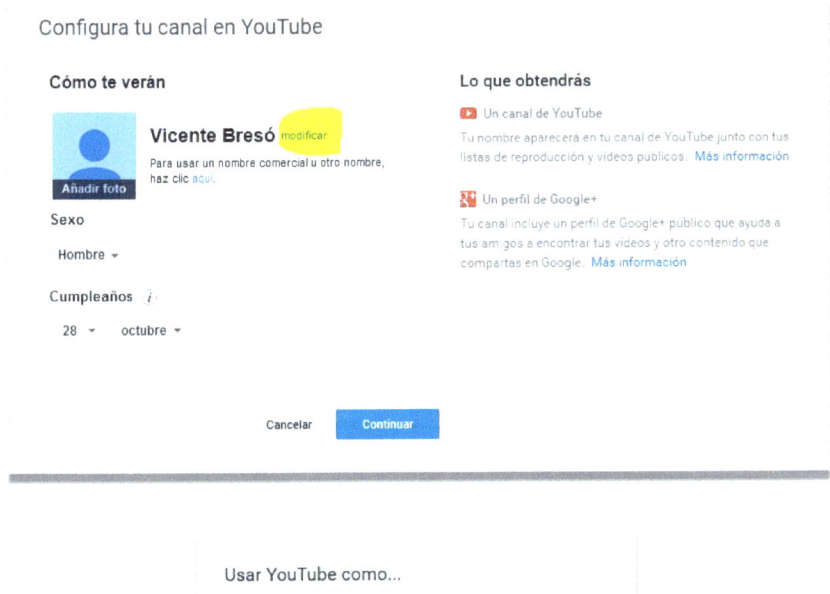

A continuación van a aparecer dos formas de emisión en directo: Emitir ahora (que es la que vamos a usar) y Eventos (para programar emisiones posteriores).

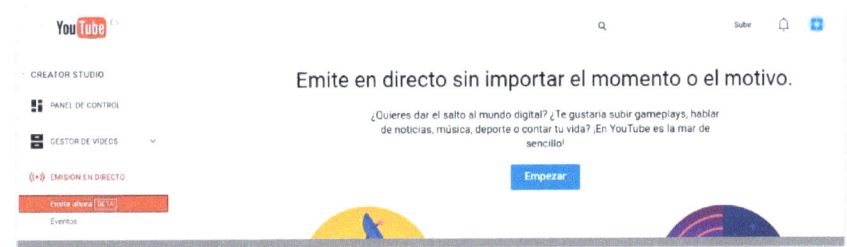

En nuestro caso, se nos pide que verifiquemos nuestra cuenta en Gmail, así que seleccionaremos la opción para que nos envíen un mensaje de texto a nuestro teléfono móvil y podremos continuar...

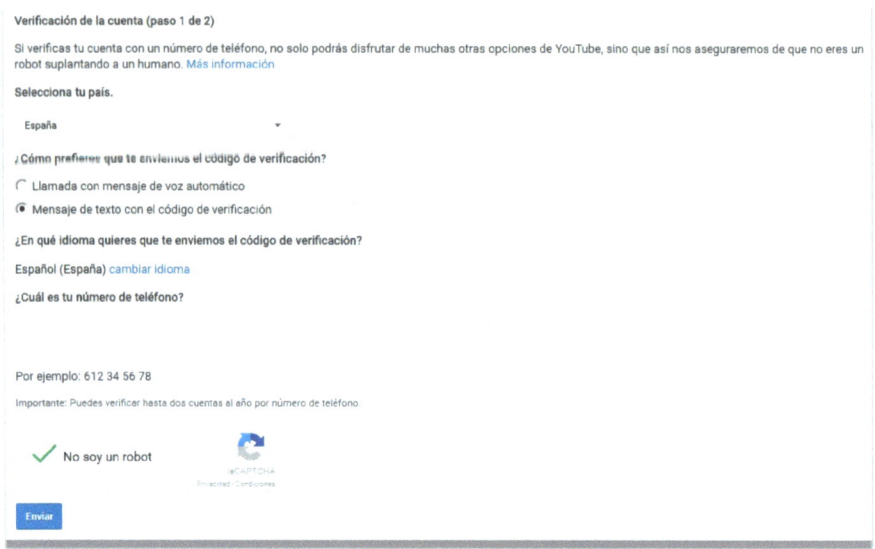

Se muestra una pantalla con el player de emisión que marca "SIN CONEXIÓN". Esto es correcto.

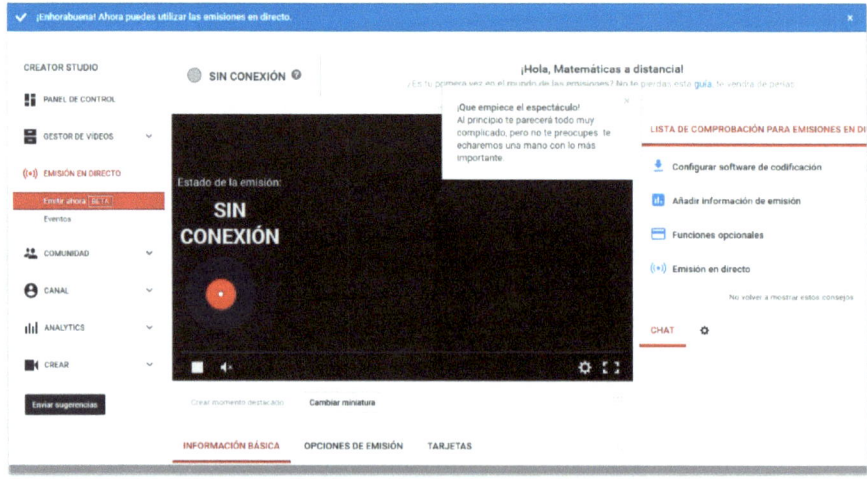

Ahora podremos empezar a rellenar la información básica sobre nuestra emisión en Directo.

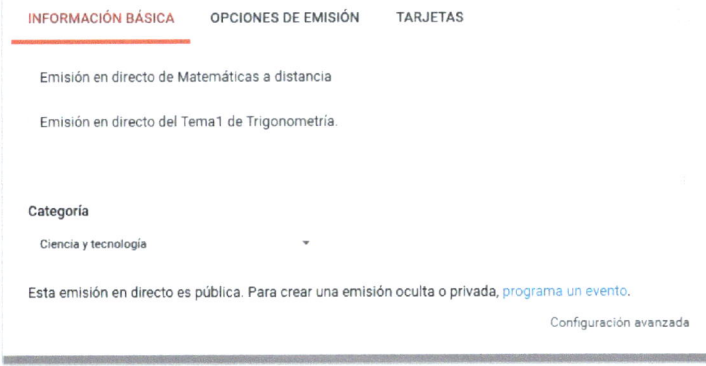

Veremos que en la parte inferior de la pantalla aparece otra sección que se llama Configuración del codificador donde aparece una URL y un nombre/clave de emisión.

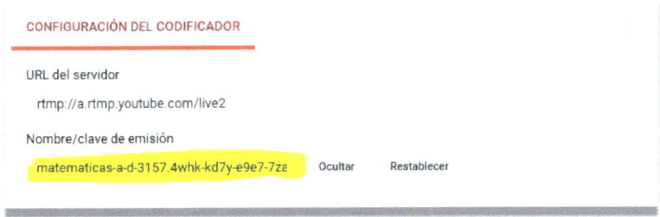

Ese nombre/clave será necesario introducirlo en nuestro software de emisiones para que se establezca comunicación con Youtube.

Otra sección en la parte inferior derecha nos mostrará la URL que tendremos que proporcionar a nuestros alumnos "televidentes" para que puedan acceder a nuestra clase en directo.

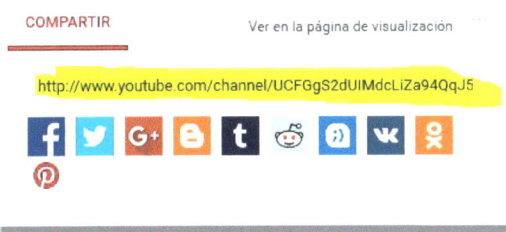

Ahora sólo restará arrancar un software que nos permita emitir en dirección a Youtube. En nuestro caso hemos seleccionado XSplit Broadcaster porque nos permite crear un interesante perfil de emisión conteniendo rótulos, cámaras, imágenes, audio y otros componentes que darán a nuestra emisión un aspecto profesional.

La URL de este software (gratuito o de pago dependiendo del uso que le vayamos a dar):

https://www.xsplit.com/download

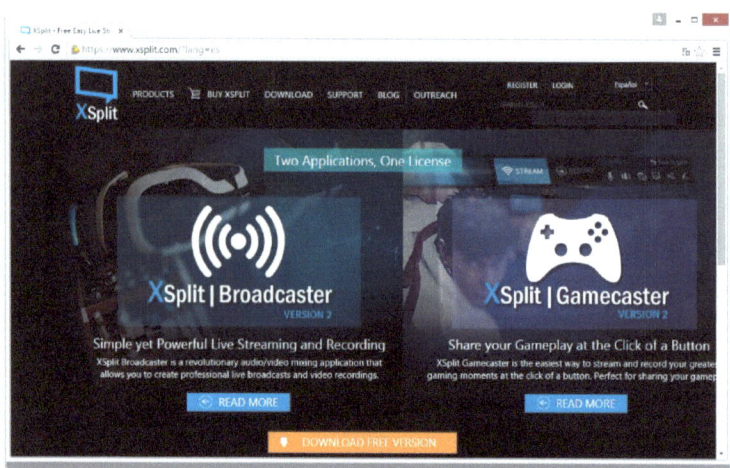

Configurar el software codificador XSplit Broadcaster.

Al arrancar XSplit tiene el aspecto que se muestra a continuación:

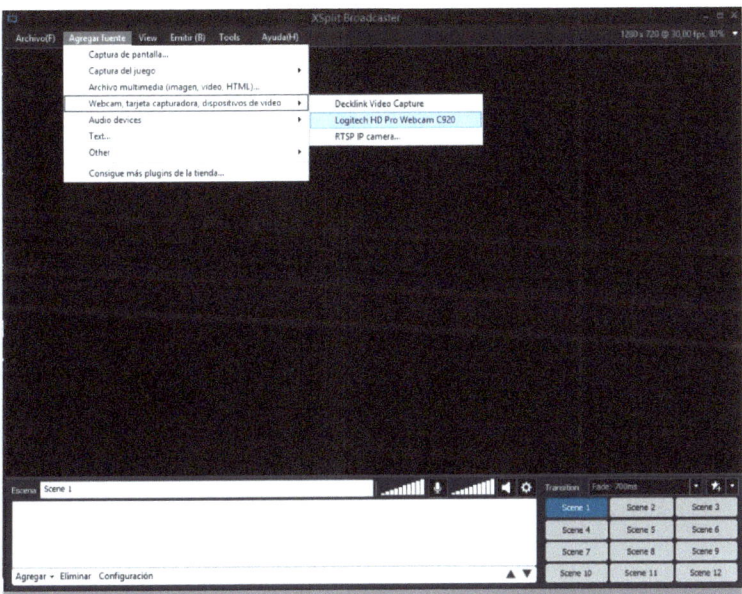

En este software disponemos de un menú llamado "agregar fuente" que nos permite añadir nuestra webcam, archivos de imágenes, capturas de pantalla, rótulos de texto y las capas correspondientes a otros dispositivos conectados a nuestro ordenador.

En nuestro caso, y fijándonos en la pantalla que se muestra a continuación, vamos a añadir cuatro objetos que vamos a usar para nuestra clase en directo:

1. Una imagen que tenemos en nuestro ordenador (razones trigonométricas)
2. Un fondo de pantalla para el video o directo.
3. Una captura de pantalla. Del software de nuestro cuaderno interactivo o monitor interactivo para escribir a mano alzada.
4. Nuestra webcam con micrófono incorporado. Captará nuestra imagen y el audio.

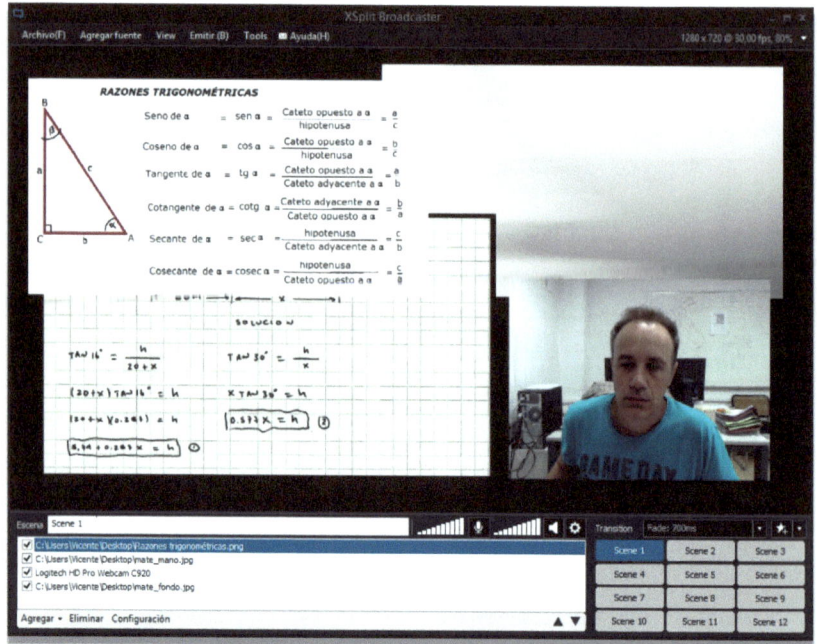

Hemos buscado en Internet una imagen para usarla de fondo en nuestro Directo. La imagen tiene un tamaño de 1920x1080 (tamaño para emisión en HD o similar).

La otra imagen ya la teníamos en el ordenador y la queremos mostrar a los alumnos. Es la que corresponde a las Razones trigonométricas.

La captura de pantalla corresponde al software que tenemos ejecutando de nuestro hardware interactivo.

Nuestra imagen la muestra nuestra webcam, y el micrófono de la misma capta el audio. Debemos comprobar si el micrófono es el correcto accediendo a

Tools – General Settings – Audio – Micrófono.

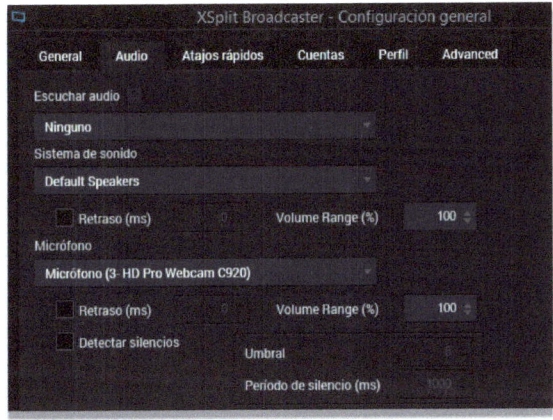

Nota. Si no estuviera perfectamente sincronizado el audio con nuestra imagen moviendo los labios, podemos establecer un retardo en el audio hasta hacer que se escuche perfectamente acorde a nuestro movimiento (casilla Retraso ms). Hay que indicar el tiempo en milisegundos.

A continuación podemos ordenar los objetos insertados, cambiar el tamaño de los mismos, añadir textos o rótulos hasta dejar nuestra plantilla con un aspecto acorde a nuestros gustos.

Un ejemplo de plantilla puede ser la que mostramos a continuación en la imagen.

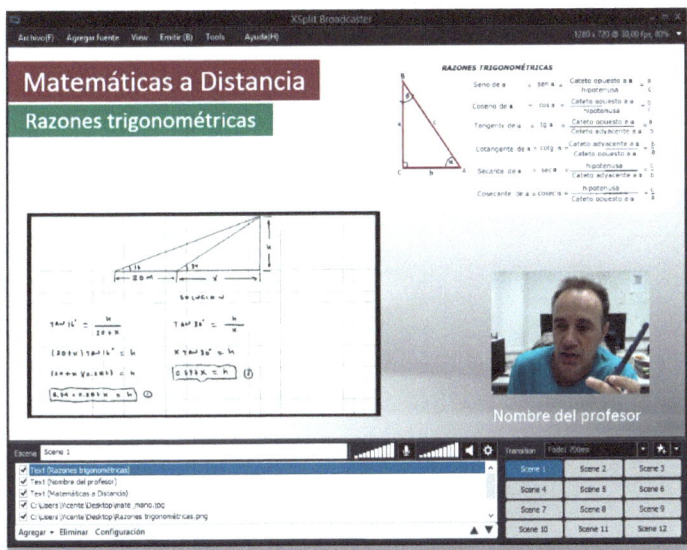

Una vez finalizada la plantilla que consideramos adecuada, podemos guardarla para usarla en posteriores ocasiones. Nuestra clase en directo tendrá el aspecto que mostramos a continuación.

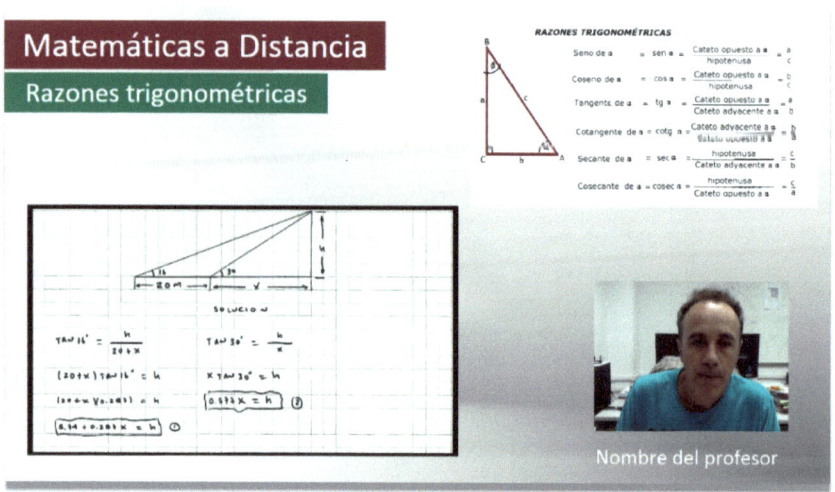

Es el momento de configurar nuestro software XSplit para que podamos enviar nuestra emisión a YouTube.

Para ello seleccionaremos el menú "Emitir" en el XSplit, seguido de "Agregar Canal" eligiendo la opción "YouTube Live".

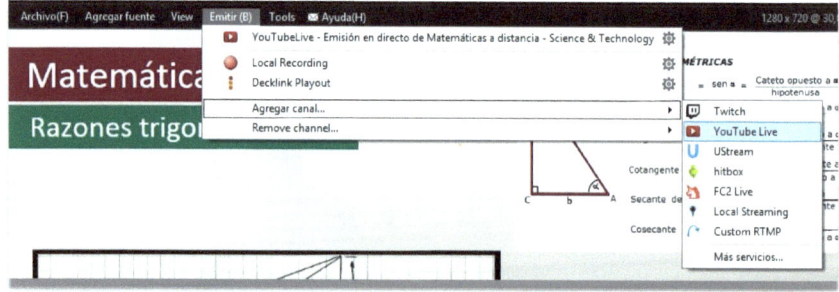

Ahora se nos va a solicitar una información que previamente se mostraba en Youtube cuando creamos el canal (le pusimos un nombre y nos mostraba el nombre/clave de emisión).

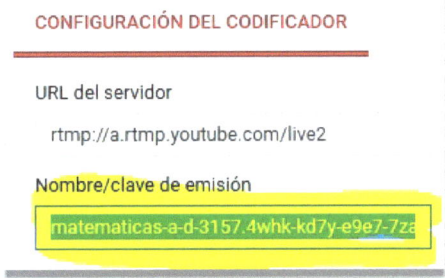

Deberemos copiar-pegar este nombre/clave de emisión que nos proporcionaba YouTube y pegarlo en la línea ID, seguido del botón "Authorize".

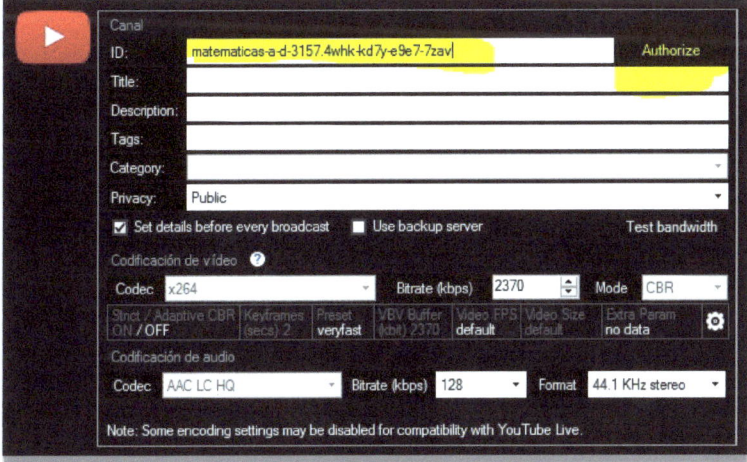

XSplit, en este punto, nos va a pedir validación pidiendo nuestro email y contraseña de Gmail para poder establecer comunicación con el canal de Directo que hemos creado con anterioridad.

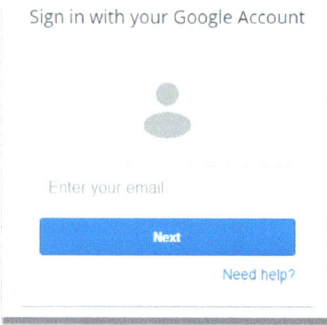

Y deberemos dar los permisos de acceso oportunos mediante una pulsación en "Allow".

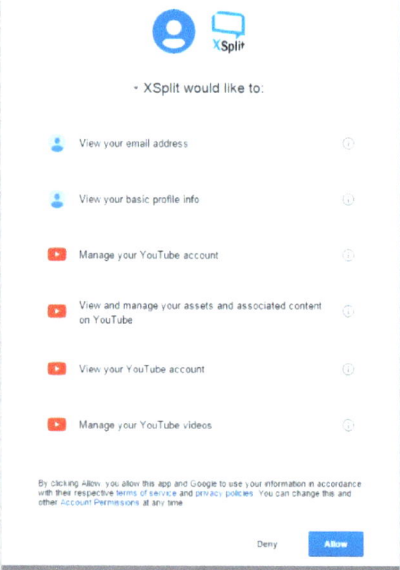

Se establece comunicación entre XSplit y nuestro canal de Youtube, y se actualiza la información que en su momento tecleamos en Youtube.

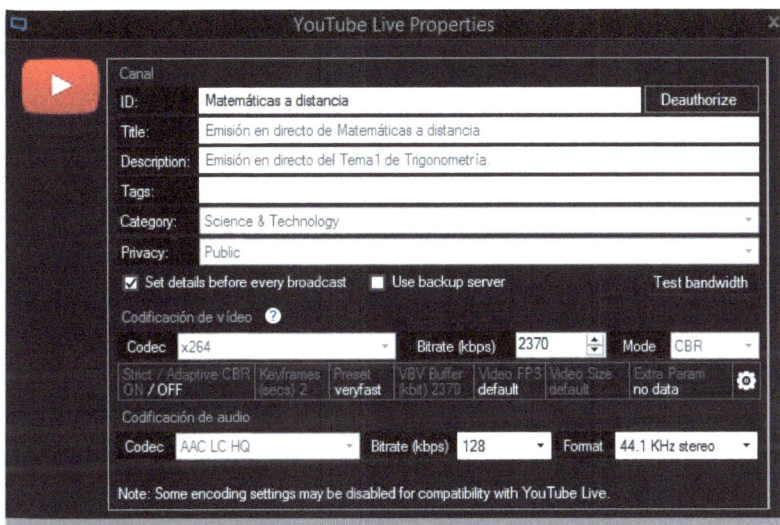

Enviar nuestro directo a Youtube

Ya sólo nos quedará iniciar nuestra emisión en Directo hacia Youtube. Para ello, iremos hasta el menú "Emitir" de la parte superior de Xsplit y seleccionaremos nuestro canal seguido de "Start Broadcast" si procede.

Podemos probar si, efectivamente, estamos emitiendo en directo insertando la URL de nuestra retransmisión en otro navegador web que tengamos instalado.

RECORDEMOS: La URL de nuestro Directo aparecía en Youtube en la sección de Compartir.

Y comprobaremos que somos los primeros televidentes de nuestro canal de directo.

Una vez finalicemos nuestra práctica o nuestra clase, es importante volver a XSplit y parar la emisión pulsando otra vez sobre el menú "Emitir" y deseleccionando nuestro canal.

Grabar la sesión con XSplit.

Con XSplit iniciado, en cualquier momento podemos realizar una grabación local de nuestra clase o emisión en directo, estemos o no emitiendo.

Pulsaremos sobre el menú "Emitir – Local Recording". Esta grabación quedará grabada en nuestro disco duro en formato MP4, y podremos subirla con posterioridad a cualquier plataforma de video (Youtube, Vimeo, etc.) o simplemente guardar la grabación a efectos de copia de seguridad en un pendrive, disco duro, etc.

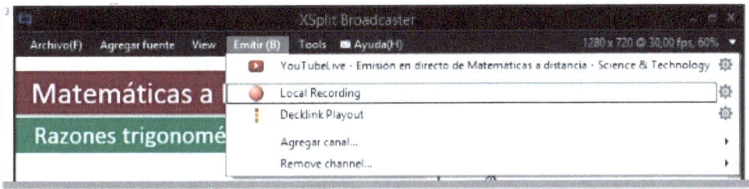

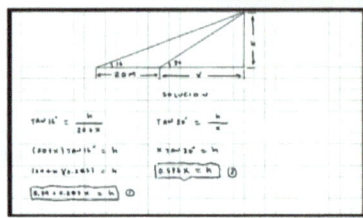

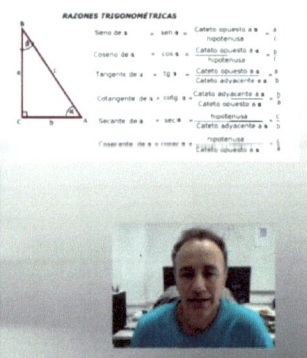

Emisión en directo de Matemáticas a distancia

Matemáticas a distancia

▶ Suscribirse 0

➕ Añadir a   ⯇ Compartir   ••• Más

👍 0 👎 0

Empezó el 7 oct. 2015
Emisión en directo del Tema1 de Trigonometría.

Categoría   Ciencia y tecnología
Licencia   Licencia de YouTube estándar

MOSTRAR MENOS

Conclusión.

En estos capítulos hemos podido conocer hardware diferente que puede servir de apoyo a nuestra docencia y un par de sistemas de videoconferencia que nos permiten impartir una clase a un número de usuarios determinado sin dejar de usar nuestros propios recursos docentes.
Igualmente hemos podido visualizar la posibilidad de creación de nuestro propio canal de TV en directo, que podría hacer llegar nuestra clase a un número de televidentes prácticamente ilimitado.

La grabación de vídeos y la publicación de los mismos en Internet pueden complementar nuestra labor docente, por lo que animamos al personal docente a utilizar las videoconferencias y las nuevas tecnologías aplicándolas a las Matemáticas o a cualquiera que sea nuestra asignatura.

www.ingramcontent.com/pod-product-compliance
Lightning Source LLC
Chambersburg PA
CBHW041104180526
45172CB00001B/102